LA
PHTHISIE PULMONAIRE

SON TRAITEMENT

PAR

LE DOCTEUR E. BARRIERA

Médecin des Hospices civils de Nice

NICE

TYPOGRAPHIE V.-EUGÈNE GAUTHIER ET COMPAGNIE

Eescente de la Caserne, 1

—

1876

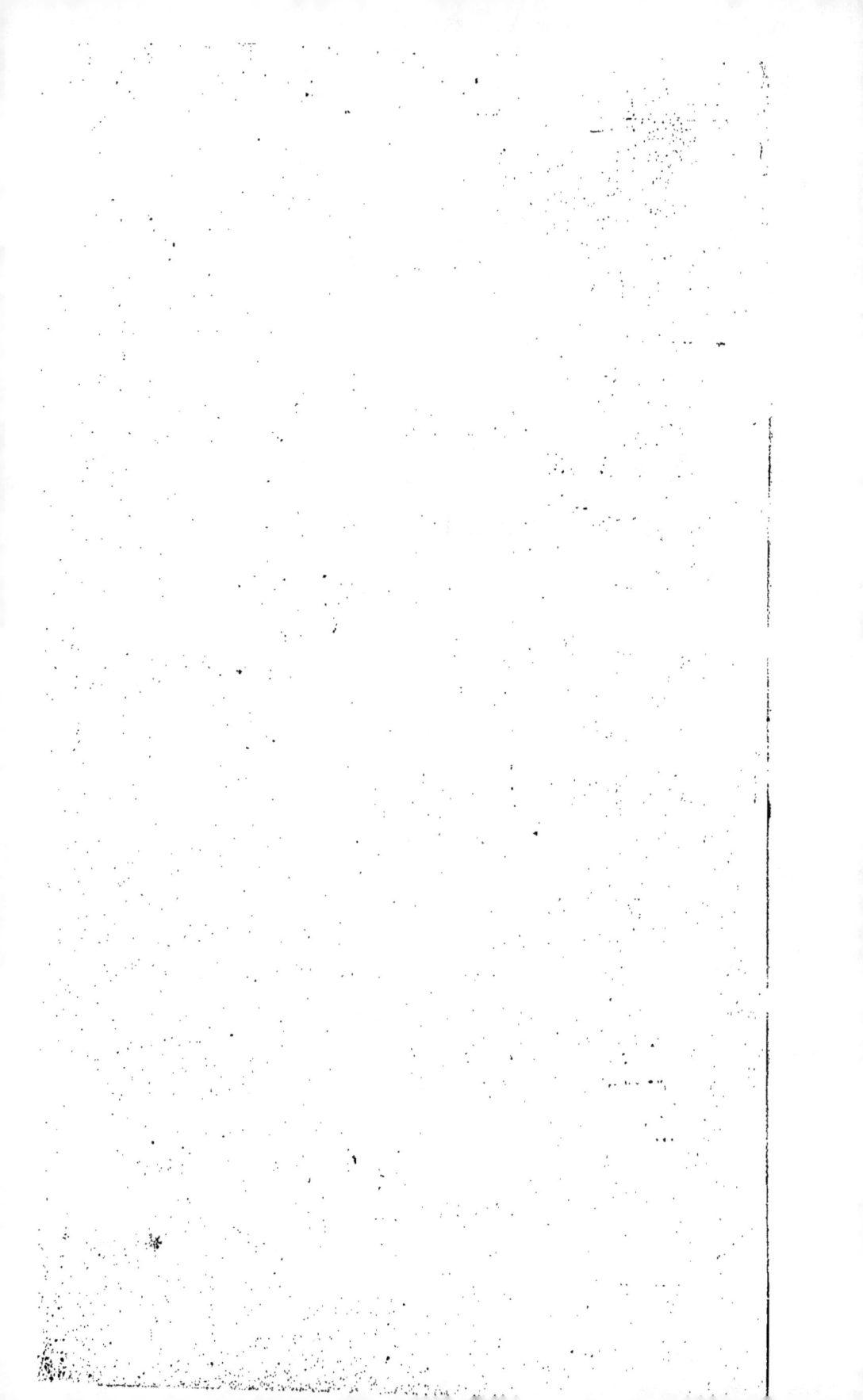

LA

PHTHISIE PULMONAIRE

SON TRAITEMENT

PAR

LE DOCTEUR E. BARRIERA

Médecin des Hospices civils de Nice

NICE

TYPOGRAPHIE V.-EUGÈNE GAUTHIER ET COMPAGNIE

Eescente de la Caserne, 1

—

1896

Nice. — Typ. V.-Eugène Gauthier et Cᵉ.

INTRODUCTION

De toutes les maladies qui affligent l'humanité il n'en est point de plus commune et de plus funeste que la phthisie pulmonaire.

Sévissant à tous les âges, dans tous les pays, dans tous les climats, ce fléau permanent décime impitoyablement notre espèce, et, ce qu'il y a de plus terrible et d'affligeant, c'est que souvent elle choisit ses victimes parmi les êtres les plus jeunes, les plus intelligents, ceux qui donnaient les plus belles espérances.

Le grand nombre de personnes atteintes ou menacées de phthisie, l'envahissement toujours croissant de cette affreuse maladie surtout dans les grandes villes, l'influence fâcheuse qu'elle a sur l'avenir physique et intellectuel des populations, tout semble se réunir pour attirer d'une manière spéciale l'attention du médecin et celle de l'administration dans la recherche des moyens à opposer à cet agent destructeur.

Lorsque une épidémie se déclare et qu'elle étend sur les peuples ses effrayants ravages, les gouvernements s'en inquiétent, les corps savants sont consultés, on étudie la nature, on recherche les causes de la maladie épidémique, et on prend des mesures pour opposer une digue au terrible fléau ; pour la phthisie rien ne se fait, c'est que les maladies épidémiques qui moissonnent beaucoup de monde dans un petit espace causent beaucoup plus d'effroi que la phthisie pulmonaire qui prend ses victimes dans toutes les parties du globe ; cependant elle est aussi meurtrière que le choléra, le typhus, la fièvre jaune, etc., puisque les statistiques nous prouvent qu'elle entre pour un quart ou au moins pour un cinquième dans la mortalité générale.

La première question que le médecin doit se poser c'est celle de la curabilité de la phthisie ; un phthisique est-il susceptible de guérison ? Les anciens médecins qui ne possédaient pas tous les moyens d'investigation que nous tenons aujourd'hui depuis l'admirable découverte de Laennec sur l'auscultation, confondaient la phthisie pulmonaire avec toutes les maladies chroniques qui conduisaient à la consomption et à la mort, ils la croyaient donc incurable, et

la science s'inclinait triste et impuissante devant
cette redoutable affection qui prenant le sujet à
sa naissance ne l'abandonnait qu'à la mort.

Les progrès de la science, les travaux moder-
nes sont venus heureusement renverser cette
opinion et dévoiler l'erreur funeste qui établis-
sait en principe l'incurabilité de la phthisie. Les
faits cliniques, les recherches cadavériques faites
sur une grande échelle nous prouvent la guérison de la phthisie; chacun sait, en effet, qu'il
n'est pas rare de rencontrer des malades qui ont
offert à une certaine époque de la vie tous les
signes rationnels, tant locaux que généraux,
d'une phthisie plus ou moins avancée, et qui,
par les ressources combinées de l'hygiène et de
la matière médicale, ont vu leur santé se rétablir.

On a trouvé plus d'une fois des traces non
équivoques d'une affection tuberculeuse an-
cienne dans les poumons de vieillards qui
avaient succombé à toute autre affection qu'à la
phthisie.

En présence de ces faits, et, dans ses luttes
de tous les jours contre cette redoutable maladie, le médecin se sent-il désarmé? Assurément
non; car il a entre ses mains une foule de
moyens qui lui rendront de grands services
même dans les cas les plus désespérés, et, par
leur application méthodique et persévérante, il
arrivera, j'en suis sûr, à de meilleurs résultats

que ceux qui avaient été obtenus à une époque
où la phthisie était regardée comme incurable
et traitée en conséquence.

Parti de cette idée consolante que la phthisie
peut guérir, et, elle guérit plus souvent qu'on
ne pense, je vais étudier ses causes les plus pro-
bables, j'indiquerai ensuite les moyens les plus
aptes à combattre une maladie qui a été regardée de tout temps non-seulement comme un
des grands fléaux de l'humanité, mais encore
comme l'un des écueils les plus redoutables de
notre art.

LA PHTHISIE PULMONAIRE

SON TRAITEMENT

I

La phthisie pulmonaire se rencontre sur tous les points du globe, mais elle est plus fréquente et plus meurtrière dans certaines régions que dans d'autres ; très commune en France, dans les Pays-Bas, en Italie et surtout en Angleterre, elle est plus rare en Suède, en Irlande, dans les steppes russes de Kirgis et dans certaines contrées de la Suisse. Il est encore avéré par de nombreux documents que dans les Indes, au Brésil et sur tout le continent américain on n'est pas à l'abri de cette affection ; on peut donc dire d'une manière générale que la phthisie pulmonaire est une maladie cosmopolite, qu'elle se trouve indistinctement sous toutes les latitudes du globe, et que les différences qu'elle présente sous le rapport de sa fréquence et de sa gravité dépendent beaucoup moins du degré de la température que de son uniformité et de ses variations plus ou moins brusques et irrégulières ; je dirai encore qu'elle sévit plus souvent dans les grandes villes que dans les campagnes, à Londres, par exemple, où elle enlève le tiers des habitants ; à Paris, où elle emporte le cinquième et même le quart de la population ; à Philadelphie, où elle forme à elle seule le sixième de la mortalité, enfin dans les autres centres de population où règnent en général l'encombrement, les excès, la misère, etc.

De toutes les causes invoquées pour expliquer le développement de la phthisie, une des plus puissantes est sans contredit l'hérédité. Il existe évidemment une relation intime entre la constitution des parents et celle des enfants ; certains médecins n'ont voulu faire jouer à l'hérédité qu'un rôle tout à fait secondaire, mais les faits prouvent chaque jour que la phthisie qui a fait périr le père où la mère attaque aussi les enfants ; cependant tout en accordant une large part à l'hérédité dans la production de cette maladie, il faut pourtant reconnaître qu'elle peut naître en dehors de cette prédisposition, mais il n'en est pas moins vrai que c'est à la transmission héréditaire qu'est due en grande partie la funeste propagation de ce fléau.

Dans l'état actuel de la science, il est difficile de décider si l'hérédité est plus fréquente du côté paternel que du côté maternel ; mais on a remarqué que plus l'enfant ressemble à l'un de ses parents par ses traits extérieurs, plus il est disposé aux maladies de celui auquel il ressemble le plus.

L'hérédité peut être directe ou indirecte ; elle est directe quand le père ou la mère sont tuberculeux et qu'ils transmettent directement aux enfants la maladie dont ils sont eux-mêmes atteints ; elle est indirecte quand les parents non tuberculeux procréent des enfants aptes à le devenir, c'est ainsi que des parents profondément débilités par les excès, la misère ou par des maladies antérieures donneront le jour à des enfants chétifs et délicats chez lesquels la moindre occasion suffira pour faire éclore la maladie.

On a encore admis, avec raison, que les alliances entre les branches collatérales d'une même famille tendent à entretenir et à aggraver même les prédispositions héréditaires.

Il arrive parfois qu'une ou plusieurs générations peuvent échapper à l'affection héréditaire, la maladie semble alors sommeiller pour se réveiller avec une nouvelle intensité chez les générations suivantes.

Aucun âge n'est à l'abri de cette affection ; c'est ainsi qu'on a trouvé des tubercules dans les poumons de quelques fœtus comme on voit tous les jours des vieillards emportés par la consomption pulmonaire ; mais on peut établir d'une manière générale que, rare chez l'enfant, la phthisie pulmonaire devient plus fréquente à mesure que l'on approche de l'époque de la puberté, et que c'est principalement de 20 à 40 ans qu'elle fait le plus de victimes ; on a voulu faire jouer au sexe un rôle très marqué dans la production de cette maladie ; s'il est vrai de dire que les femmes y paraissent beaucoup plus sujettes que les hommes, cela tient plutôt à des causes particulières qu'à l'influence du sexe lui-même ; c'est ainsi que d'après les relevés statistiques on a trouvé que pendant l'enfance les garçons deviennent tuberculeux aussi facilement et même plus facilement que les filles tandis qu'à l'approche de la puberté, et après cette époque, la phthisie est plus fréquente chez les femmes ; c'est qu'à cet âge les dérangements si fréquents de la menstruation, les grossesses prématurées, l'allaitement trop longtemps prolongé, etc., disposent évidemment à ce genre de maladie.

Les individus à constitution faible et délicate présentant tous les attributs du tempérament lymphatique, ont aussi une grande tendance à contracter la phthisie ; mais encore que d'exceptions à cette règle ! Il ne suffit pas d'être doué d'une constitution forte et robuste pour être à l'abri de ses coups ; bien des fois nous voyons des personnes bien constituées et jouissant d'une bonne santé dépérir tout d'un coup et se dessécher pour ainsi dire, par l'effet de cette maladie qui déjà avait moissonné divers membres de leur famille.

II

En admettant l'hérédité comme cause habituelle de la phthisie, je ne puis pas cependant nier l'influence des mauvaises conditions au milieu desquelles ont vécu ceux qui sont atteints de phthisie. La réunion de plusieurs causes anti-hygiéniques créent un véritable lieu pathologique qui fait germer certains produits morbides qui ne se seraient pas développés dans d'autres conditions; ainsi le raisonnement, l'observation nous forcent d'admettre que le séjour dans un lieu froid et humide, peu aéré, privé de soleil, où se trouvent entassés pêle-mêle les hommes et les animaux, la respiration d'un air vicié par les émanations de toute espèce, une nourriture insuffisante ou malsaine, en un mot toutes les mauvaises conditions ayant pour cause originelle la misère, par leur action débilitante sur l'organisme, sont certainement très puissantes pour favoriser l'explosion de la diathèse tuberculeuse. Les expériences qui ont été faites par Clarck, Coste et beaucoup d'autres sur des animaux viennent encore à l'appui de ce que j'avance; ces savants ont pu produire à volonté la maladie chez des grenouilles et des insectes qui avaient été soumis préalablement à de mauvaises conditions hygiéniques, telles que l'entassement dans un espace froid et humide, une nourriture détériorée, etc. C'est ce qui explique encore pourquoi les lions, les singes surtout, amenés dans nos contrées succombent souvent à la phthisie pulmonaire. On s'est attaché à ne voir dans l'affection tuberculeuse de ces animaux, que le résultat du changement de climat, mais on n'a pas assez tenu compte des conditions hygiéniques nouvelles auxquelles on condamnait ces animaux destinés par la nature de leur organisation à la vie la plus active, à l'air le plus pur, à la liberté la plus complète.

Il n'est pas de maladie que les excès ne puissent occasionner, on conçoit alors aisément que les excès de toute espèce et notamment les excès vénériens et alcooliques par le trouble fonctionnel qu'ils déterminent dans la vie de nutrition, favorisent le développement des tubercules ; c'est ainsi qu'on a vu des phthisiques qui n'avaient pu attribuer leur maladie qu'à leurs habitudes de débauche ou d'ivrognerie.

Les chagrins profonds et de longue durée, les passions tristes, une vive sensibilité, les grossesses répétées, l'usage des corsets trop serrés ont été regardés comme des causes prédisposantes de la phthisie, mais il n'y a à ce sujet que des assertions, et aucune preuve directe ne me permet d'apprécier d'une manière rigoureuse l'influence de ces causes. Il n'en est pas de même des professions.

Les recherches statistiques faites à Londres, à Paris, à Genève, à Vienne ont démontré que les professions sédentaires fournissent un plus grand nombre de phthisiques que les professions actives, et, de toutes les circonstances auxquelles sont soumis les ouvriers des diverses professions, il n'en est aucune aussi importante que celle de l'atmosphère environnante, puisqu'elle agit directement sur les poumons, siége de la phthisie. Ainsi, les ouvriers exposés à vivre dans une atmosphère confinée et chargée de vapeurs irritantes, comme les doreurs, les peintres, etc., ou qui se trouvent continuellement dans la nécessité d'avaler avec l'air qu'ils respirent des poussières végétales et surtout minérales, comme les cardeurs, les tailleurs de pierres, les mineurs, etc., payent un plus large tribut à la phthisie que ceux qui se trouvent dans les conditions opposées. Cependant dans ces recherches on n'a pas assez tenu compte de la part qui revient aux conditions hygiéniques au milieu desquelles vivent ces ouvriers.

Il est plusieurs autres causes nées des besoins et des vices de la société actuelle qui rendent compte de la fréquence avec laquelle la phthisie sévit sur les classes ouvrières. Quand on voit de malheureux ou-

vriers chargés d'une nombreuse famille, dont les sa-
laires sont au-dessous des besoins, n'ayant souvent
pour s'abriter que des logements humides et malsains,
pour se nourrir que des aliments grossiers ou insuf-
fisants, pouvant à peine goûter quelques instants de
sommeil, il est facile de concevoir que cette lutte
constante contre la misère et ses cruelles conséquences, que cette vie partagée entre les douleurs du pré-
sent et les craintes de l'avenir doivent miner leur
santé et les arracher prématurément à la vie ; ou bien
ce sont des gens d'une grande inconduite qui recher-
chent la maladie par l'intempérance et la débauche ;
les imprudences et les écarts auxquels ils se livrent
alors pour satisfaire leurs passions exercent évidemment une influence délétère sur l'organisme et finis-
sent par détruire une constitution déjà délabrée par
le travail.

L'existence d'une maladie antérieure a été regardée comme une cause prédisposante de la phthisie,
ainsi on a prétendu qu'un catarrhe pulmonaire, une
pleurésie, une pneumonie, les fièvres éruptives, et notamment la rougeole, enfin les diverses inflammations des poumons et des bronches pouvaient déterminer la phthisie. L'étude attentive des affections de
poitrine ne me permet pas d'adopter cette manière de
voir ; en effet, nous voyons rarement la phthisie suc-
céder directement à la pneumonie, par exemple, et si
dans quelques cas on a trouvé des tubercules dans les
poumons de quelques individus emportés par une
pneumonie, on peut parfaitement supposer que ces
produits tuberculeux étaient antérieurs à la maladie
et que l'inflammation dont les poumons ont été le siége
n'a fait qu'éclore le germe que la prédisposition y
avait déposé.

Ce que je dis de la pneumonie, je le dirai du catarrhe pulmonaire, du rhume auquel le public atta-
che une grande importance dans la production de
cette maladie ; l'apparition des rhumes chez certaines
personnes, la grande disposition des malades à les
contracter, leur marche souvent longue et rebelle

sont placées sous l'influence d'un travail de tuberculisation déjà établi dans les poumons ; ces rhumes ne font qu'exciter ce travail déjà commencé mais assoupi, obscur dans sa marche, et ne sont nullement la cause formatrice directe de la phthisie. On comprend alors que le catarrhe le plus léger peut produire des tubercules chez un individu déjà prédisposé, tandis que chez un autre qui ne l'est pas, la phthisie ne résultera jamais de la bronchite la plus grave et la plus longue.

III

J'arrive maintenant à une cause plus contestée, c'est celle de la contagion ; la phthisie pulmonaire est-elle contagieuse ? Les anciens médecins Morgagni, Van-Swieten, Morton et tant d'autres croyaient tellement à la contagion de la phthisie qu'ils n'osaient pas toucher à un cadavre d'un phthisique ; on se désabusa plus tard par une observation plus attentive de cette crainte chimérique et on constata que, dans une maladie aussi fréquente que la phthisie, les faits qu'on citait à l'appui de la contagion se réduisaient à un petit nombre ; si nous réfléchissons, en effet, que des centaines de phthisiques périssent chaque année dans les hôpitaux, sans cependant communiquer leur maladie ni aux garde-malades qui les soignent jour et nuit, ni aux médecins qui les visitent, que tous les jours des enfants bien portants sont en contact continuel avec des enfants tuberculeux sans cependant rien éprouver, il sera pour moi hors de doute que la maladie dont il s'agit n'est point contagieuse comme la variole, la rougeole, le typhus, etc. Les partisans de la contagion présentent sans cesse ces exemples de femmes devenues phthisiques pendant qu'elles prodiguaient des soins à leurs maris atteints de phthisie, et après avoir partagé quelque temps le lit conjugal, et ces exemples de maris frap-

pés dans des occasions semblables, ou bien de garde-
malade, de parents qui ont succombé à la phthisie
après avoir donné des soins à des tuberculeux, après
s'être servis de leurs vêtements, etc. Tous ces faits
sont peu concluants; a-t-on réfléchi dans ces exemples considérés comme des preuves de contagion ce
qui appartient à la coïncidence, à la prédisposition
mise en jeu par des causes occasionnelles ?

Est-ce que le frère ou la sœur, le mari ou la femme
(et c'est presque toujours entre conjoints qu'ont été
observés tous les cas de phthisie transmise par contagion), ne portaient pas déjà en eux-mêmes les ger-
mes de cette même consomption, quand ils donnaient
des soins à leurs malades ? Et ce germe, qui n'existait encore qu'à l'état latent, n'a-t-il pas pu se développer et hâter en même temps le développement de
la phthisie par l'effet des fatigues, des veilles, des
chagrins causés par la perte du malade, du séjour
dans une atmosphère viciée et peu renouvelée ? On
objectera peut-être que ces personnes jouissaient au-
paravant d'une bonne santé et que rien n'indiquait
chez elles une prédisposition à la phthisie ; il ne faut
pas toujours s'en rapporter à l'apparence florissante
des fonctions pour juger du fond de l'organisme où
germe la phthisie ; n'a-t-on pas vu des individus
doués d'une excellente constitution éprouver subite-
ment sous l'influence d'une cause occasionnelle un
changement considérable et finir par être emportés
par la cachexie tuberculeuse ? Cependant tous ces faits
ont leur importance ; ils nous engagent à faire prendre quelques précautions aux personnes qui ont des
rapports journaliers avec des phthisiques surtout dans
les derniers temps de leur maladie ; parce qu'alors
le séjour longtemps prolongé dans une atmosphère
viciée par les émanations de la sueur, des crachats et
des selles du malade peut exercer sans aucune vertu
contagieuse, à la manière de toute atmosphère malsaine, une influence délétère sur les personnes saines
qui sont sans cesse en contact avec le malade.

Je viens de passer en revue les causes nombreuses

auxquelles on a voulu rapporter l'origine de la phthisie ; les uns ont cherché la cause de la maladie dans
les agents de l'hygiène, air humide ou altéré, priva-
tions, excès, etc. ; les autres soutiennent que la phthisie est constamment héréditaire, résultant d'une diathèse qui se transmet du père à l'enfant, et qui
n'attend pour se manifester que les conditions anti-
hygiéniques que je viens d'énumérer. Ces deux opi-
nions ont le défaut d'être un peu trop exclusives ; si
dans la grande majorité des cas on peut attribuer à
l'hérédité le développement de la phthisie, il en est
d'autres en assez grand nombre, dans lesquels il
n'existe pour expliquer la maladie aucun antécédent
héréditaire, il faut alors admettre d'autres causes,
mais on s'abuserait étrangement si on croyait que la
tuberculisation est exclusivement produite par l'une
ou par l'autre des causes déjà mentionnées ; il faut
considérer ces causes dans leur ensemble, car, réunies,
elles agissent comme un seul agent morbide, attaquent
la constitution de plusieurs manières à la fois, et suf-
fisent à elles seules indépendamment de toute autre
influence pour produire la maladie.

IV

J'arrive maintenant au traitement de la phthisie, la
question la plus délicate et la plus difficile à résoudre.
Quand on parcourt la liste immense des moyens
que l'art a dirigés contre la phthisie, il est facile de
se convaincre que ce n'est pas le nombre qui nous
manque, mais leur application moins tardive et mieux
dirigée ; si jusqu'ici la médecine a lutté vainement
contre cette maladie, cela tient à ce que les moyens
mis en usage n'ont été appliqués qu'à une époque où
le mal était trop avancé et les désordres locaux et
généraux étaient trop graves pour qu'on pût y remé-
dier ; le malade, pour qui la première période de la

phthisie n'est qu'une fatigue, qu'une indisposition dont il espère pouvoir se débarrasser, et qui ne l'empêche pas de vaquer à ses affaires et de satisfaire à toutes les exigences de la vie de famille, vient rarement alors réclamer les conseils éclairés de la médecine et laisse passer ainsi dans une fatale inertie les moments où l'art et l'hygiène peuvent beaucoup contre cette redoutable affection ; il faut donc, et on ne saurait trop le recommander, que les personnes menacées de phthisie se laissent examiner avant que la maladie soit un fait évident, dès qu'on pourra craindre le développement d'un mal qui plus tard sera plus rebelle et souvent incurable, car c'est à cette époque qu'on a lieu de compter sur la guérison de la phthisie.

Prévenir la transmission héréditaire, modifier le tempérament prédisposé aux tubercules, arrêter le mal quand il a déjà envahi les poumons, tel est le triple but vers lequel doivent tendre tous les efforts du médecin.

Les ressources thérapeutiques sont de deux sortes : les unes hygiéniques, les autres médicamenteuses ; les premières sont plus puissantes et plus précieuses que les secondes, car l'hygiène, dans l'état actuel de la science, constitue la véritable source où il faut aller puiser les moyens préservatifs et curatifs de la phthisie. Appliquée à la première période de la maladie et surtout à la période de simple prédisposition, elle suffit à elle seule pour détruire le germe morbide qui allait éclore et enrayer les premiers symptômes du mal. Les moyens médicamenteux ne font que seconder l'action de l'hygiène, car sans elle ils resteraient impuissants.

Le plus sûr moyen d'atténuer et même de détruire la transmission héréditaire consiste en des alliances faites avec discernement ; cette question ne doit pas seulement intéresser les familles, elle doit encore attirer l'attention des gouvernements afin d'asseoir sur des bases solides la santé publique et la force nationale. Je n'ai pas ici le droit de discuter jusqu'à quel point la loi pourrait ou devrait intervenir pour mettre obstacle aux mariages entre individus devant procréer des enfants très probablement disposés aux tubercules, mais je puis dire que les lois civiles en permettant les mariages entre l'oncle et la nièce, la tante et le neveu et entre cousins germains ont manqué aux indications sacrées de la nature en favorisant ainsi le développement d'une maladie qui nait souvent de ces alliances.

Le médecin n'a que le droit de formuler des avertissements, il est de son devoir, quand son avis est demandé, de prévenir l'homme et la femme qui vont se marier des dangers qui les menacent quand l'union qu'ils projettent est entachée d'un vice tuberculeux. Malheureusement le mariage, l'acte le plus grave de la vie, s'accomplit souvent avec une légèreté inconcevable. L'homme souvent se laisse maîtriser par la passion ou par l'intérêt ; il ne sait pas que quelquefois derrière l'objet qu'il convoite se cachent pour lui un avenir de chagrins et une source de malheurs pour ceux qui lui doivent le jour ; ces raisons d'intérêt sont souvent cause d'unions les plus disparates et les plus mal assorties d'où sortent des générations misérables vouées à un éternel malheur et portant jusqu'à la mort les traces indélébiles de leur fatale origine.

Les enfants qui naissent de parents tuberculeux demandent à être élevés avec beaucoup plus de soins que les autres ; il faut d'abord les soustraire aux causes qui ont pu déterminer cette maladie chez leurs parents et les placer dans des conditions telles que nous puissions opérer l'amélioration de l'organisme et l'extinction de la disposition morbide ; mais il arrive souvent que ces enfants présentent pendant leur jeune âge les apparences de la plus belle santé ; la nature pour les dédommager en quelque sorte de la vie qui leur échappe, les a doués d'une intelligence précoce, d'une vivacité surprenante soit au physique soit au moral ; mais le médecin qui observe tout, reconnaît là les premiers indices d'une maladie qui sommeille et qui n'attend pour se développer qu'une cause occasionnelle ; c'est alors que l'enfant doit être soumis

aux moyens prophylatiques que l'hygiène va nous fournir.

Si c'est la mère qui est affectée de phthisie, il est de la plus haute importance d'ordonner un allaitement étranger ; il est toujours douloureux pour une mère d'avoir à confier son enfant à une nourrice dont la santé, l'hygiène et les habitudes laissent souvent à désirer ; les nourrices qui, le plus souvent ne portent à leur élève qu'un intérêt sordide, le laissent exposé à une foule de causes qui peuvent compromettre son existence ; cette incurie a éveillé l'attention du corps médical qui s'est empressé d'étudier les moyens à opposer à l'effrayante mortalité qui atteint les jeunes enfants livrés à la merci des nourrices mercenaires. A l'Assemblée de Versailles, cette importante question a été soulevée, c'est alors qu'on a promulgué la loi relative à la protection des enfants du premier âge et en particulier des nourrissons, en vertu de laquelle tout enfant au-dessous de deux ans placé en nourrice, moyennant salaire, doit être l'objet d'une surveillance de l'autorité publique. C'est là une excellente mesure à laquelle on ne saurait trop applaudir, car il est temps de secouer le joug des préjugés funestes qui enveloppent encore aujourd'hui le berceau de l'enfant et de soustraire ainsi le petit être à tous les dangers qui résultent pour lui de la routine et de l'indifférence des nourrices mercenaires.

L'enfant devra respirer un air pur, car la pureté de l'air est pour cet âge une nourriture aussi nécessaire que l'alimentation, habiter une chambre vaste où l'air et le soleil pénètrent librement ; on n'exercera aucune compression sur sa poitrine et on n'emprisonnera pas ses membres susceptibles de la moindre impression dans ces maillots étroits qui font gémir la nature et la raison. Des lotions journalières faites sur les différentes parties du corps d'abord avec de l'eau légèrement tiède, puis de plus en plus froide, plus tard des bains frais, une grande propreté, une bonne nourriture, des exercices en rapport avec l'âge et les forces de l'enfant sont des moyens tout puissants qu'il ne faut jamais dédaigner.

V

Un moyen auquel on devra recourir si les moyens de fortune le permettent, c'est le changement de pays. *Fuge cœlum sub quo œgrotaveris*, dit une vieille maxime ; la raison et l'expérience sont venues confirmer la justesse de cette opinion ; c'est que le séjour dans un climat favorable a été regardé de tout temps comme un des moyens les plus efficaces dans le traitement de la phthisie, et à l'époque où l'on regardait la phthisie comme une maladie incurable, les médecins conseillaient à leurs malades d'aller vivre dans des climats où l'atmosphère était douce et uniforme.

« Le séjour dans les pays chauds, a dit un illustre médecin anglais, Clark, (*the Influence of climate in the prevention and cure of chronic diseases*, etc.), est un moyen prophylatique précieux, parce qu'il met le malade dans la possibilité de vivre au grand air pendant l'hiver. »

Le malade, en effet, peut sortir tous les jours, se promener pendant quelques heures au soleil, prendre de l'exercice en plein air sans s'exposer à contracter des inflammations de l'appareil respiratoire, tandis que les vents et le froid s'y opposent habituellement dans les autres pays.

Mais le choix d'une station n'est pas indifférent ; un climat, pour être favorable aux phthisiques, doit présenter les deux conditions suivantes : une chaleur tempérée et l'absence de grandes variations de température. Or, de toutes les stations hivernales du continent européen, Nice est, sans contredit, la plus généralement fréquentée ; son climat privilégié, son beau soleil lui ont fait donner le titre de capitale des villes de saison d'hiver ; aussi chaque année une foule d'étrangers venant de tous les points du globe, semblent se donner rendez-vous dans ce charmant pays,

sûrs d'y trouver toutes les ressources de la vie intel-
lectuelle et matérielle.

Il faut savoir pourtant que le [climat de Nice ne
convient pas à tous les phthisiques, il n'est profitable
qu'aux personnes d'un tempérament mou, lymphatique, ayant besoin d'une action tonique qui les aide à
lutter contre les effets débilitants de la maladie, les
Anglais, par exemple, chez lesquels le plus souvent
l'affection tuberculeuse se lie à la diathèse scrofu-
leuse ; mais aux sujets nerveux, excitables, désagréa-
blement affectés par les vents, chez lesquels la moindre provocation ranime les accidents pulmonaires, il
faut un climat plus doux, plus uniforme : Pau, Ma-
dère, Alger rempliront ces conditions.

En second lieu, je dirai que le changement de climat n'est profitable que lorsque la maladie est encore
à son début ; car plus tard, lorsque des désordres
graves existent dans la poitrine, le changement de
lieu ne fait qu'aggraver les accidents et précipiter le
dénouement fatal. Il faut encore que les malades pro-
longent leur séjour dans le pays qu'ils ont choisi pendant plusieurs années de suite, s'ils veulent retirer de
l'émigration le meilleur parti possible.

Enfin, les malades qui viennent demander un remède à notre climat sont souvent à un âge où les passions parlent plus haut que la raison, et dans les conditions de fortune qui permettent de les satisfaire, il
est bien difficile pour eux de résister à l'attrait des
plaisirs à l'aide desquels ils escomptent trop souvent
leur existence.

La violation de toutes les règles de l'hygiène leur
fait donc perdre tout le bénéfice du changement de
climat, et ne fait que hâter le développement d'une
maladie qui n'existait encore qu'à l'état latent ; l'individu né de parents tuberculeux ne doit jamais oublier son origine, il doit savoir que le changement de
pays n'est pas la seule condition de sa guérison ; il
est d'autres conditions qui, pour être accessoires n'en
sont pas moins indispensables au rétablissement de sa
santé.

Le monde, en général, se figure que notre puissance dans le traitement des maladies se résume en un ou deux moyens pour chacune d'entr'elles, mais le médecin n'ignore pas que les mille petits moyens dont on entoure les malades sont de puissants auxiliaires des médications actives qu'on a employées et auxquelles le public attribue tout l'honneur de la cure ; dans la phthisie pulmonaire surtout, ces petits moyens auront tout autant de part à l'heureuse terminaison de la maladie que les médicaments mis en usage, si le malade veut bien se soumettre au genre de vie qui lui sera prescrit par un médecin sévère, et le continuer avec courage et patience jusqu'à parfaite guérison.

Sa vie doit être aussi calme que possible, partagée dans de justes proportions entre l'exercice et le repos, le travail et le sommeil ; l'exercice, source de force et d'énergie, doit être pris en plein air, si la température est propice, et doit s'arrêter avant la fatigue ; l'équitation, la danse, l'escrime, la gymnastique peuvent être d'une grande ressource si ces exercices sont en rapport avec les forces et le goût des malades. Les repas réguliers, un sommeil suffisamment prolongé, l'absence de toute préoccupation, et surtout le silence des passions sont des moyens efficaces qu'il ne faut jamais oublier.

Les malades seront placés sous le rapport de l'habitation dans les conditions les meilleures, ils devront choisir de préférence les habitations fortement aérées exposées au midi et bien abritées ; à Nice, les quartiers de Cimiez et de Carabacel rempliront bien ces conditions. Ils devront éviter tout refroidissement du corps en général, traiter avec le plus grand soin tout catarrhe quelque léger qu'il puisse être, éviter les lieux viciés par l'haleine des hommes, la fumée du tabac, etc.

Les excès vénériens et alcooliques doivent être rigoureusement proscrits. Réprimer la passion des boissons alcooliques est une obligation qui incombe au moins autant aux gouvernements qu'aux médecins ; dans ces derniers temps, il est vrai, des moyens répressifs ont été tentés pour mettre un frein à l'abus des liqueurs ; il est désolant de voir que ces moyens sont encore impuissants pour combattre ce mal social qui ne fait que s'accroître et progresser, et qui souvent devient la cause de graves malheurs.

Les voyages sur mer ont été encore vantés contre la phthisie dès la plus haute antiquité; on a dit que ces voyages opéraient une heureuse diversion dans la vie morale et physique des personnes atteintes de tuberculisation; le changement fréquent des sensations, la respiration d'un air plus pur et plus varié dans sa température, le mouvement continuel auquel le corps est soumis pendant la traversée raniment les fonctions du système nerveux, impriment à chaque organe une heureuse stimulation et laissent pénétrer dans le cœur du malade la joie et l'espérance. Mais à côté de ces avantages il existe un foule d'inconvénients qui viennent détruire l'opinion favorable qu'on peut avoir de la navigation ; il faut, en effet, être doué d'une forte constitution pour respirer impunément l'air chargé d'humidité, pour résister aux brusques changements de température, aux fatigues d'une traversée et à la privation de tous les conforts hygiéniques qu'on ne peut pas toujours avoir à bord d'un navire.

Le choix d'un état est encore un acte important de la vie sur lequel le médecin n'est que rarement consulté. Nous avons vu que certaines professions ont beaucoup d'influence sur la santé des jeunes gens. Or toute personne menacée de phthisie doit repousser les professions sédentaires, celles qui exposent aux grandes fatigues, à une atmosphère viciée, aux vicissitudes atmosphériques, etc.

Enfin nous avons vu que les habitations humides, malsaines étaient de foyers d'infection favorables au développement de la phthisie; c'est à l'administration supérieure à laquelle sont confiés les intérêts de la société qu'incombe le devoir de veiller à tout ce qui peut contribuer à la salubrité publique. A Nice, il est vrai, on a entrepris, dans ces dernières années, d'immenses travaux d'assainissement; des foyers d'infection ont disparu; mais il existe encore certains quartiers, dans la vieille ville, dont la salubrité extérieure et intérieure laisse beaucoup à désirer ; ou bien ce sont de fosses d'aisance qui laissent échapper des émanations fétides où bien de vieilles maisons privées d'air et de jour d'une malpropreté repoussante, ou bien encore de rues sombres et étroites où l'on respire un air malsain. Certainement il y a là de grands sacrifices à faire, des difficultés à surmonter pour faire disparaître cet état de choses, mais le but est assez grand pour être digne de ces sacrifices car il tient sous sa dépendance la santé et la prospérité de la population.

Tels sont les différents moyens hygiéniques les plus efficaces pour combattre la diathèse tuberculeuse ; le remède se trouvera donc dans la médecine sociale, celle qui prenant le sujet à son berceau le suivra dans son évolution, l'entourera, dès sa naissance, de toutes les conditions que crée une hygiène bien entendue, fera au développement physique un part plus équitable dans l'éducation de la jeunesse , veillera encore mieux qu'on ne le fait aujourd'hui à la salubrité publique, et, par l'éducation plus largement distribuée, détruira les conséquences fatales de l'ignorance et de la débauche.

VI

A côté des moyens hygiéniques viennent se placer les moyens médicamenteux. Je n'ai pas ici l'intention d'énumérer tous les agents thérapeutiques qu'on a vantés contre la phthisie ; de tout temps et maintenant encore on a cherché des remèdes spécifiques contre la maladie qui nous occupe, mais l'expérience est venue démontrer le peu d'efficacité de ces remèdes prétendus souverains; la phthisie pulmonaire étant le résultat de conditions qui ont longtemps miné l'organisme et étant produite par des causes diverses, locales et gé-

nérales, elle ne peut être combattue efficacement que
par des remèdes différents, appropriés à ces causes,
à la constitution du malade, à son excitabilité, à son
âge, à l'état local des organes, etc. Je laisserai donc
de côté cet arsenal de médicaments qui n'ont aucune
valeur thérapeutique et toutes ces spécialités qui ne
doivent qu'à la réclame un succès que leurs propriétés
médicales sont loin de justifier et qui n'ont d'utilité
réelle que pour le lucre de ceux qui les ont inventées
ou qui les débitent. Je me bornerai à signaler les prin-
cipaux moyens de traitement qui me paraissent plus
sérieux, et qui, applicables sans danger, seront d'une
grande ressource dans une maladie si commune et si
difficile à combattre.

Une des meilleures médications à opposer à la phthisie
pulmonaire est sans contredit l'association de l'alcool
et de la viande crue. Erigée en méthode par un des
plus illustres cliniciens de Montpellier, M. le profes-
seur Fuster, cette médication a déjà pris une grande
extension depuis quelques années, et je n'ai pas le
moindre doute que le nombre des cures effectuées par
sa puissante influence ira sans cesse en augmentant à
mesure que ce mode de traitement sera plus généralement et plus complétement apprécié.

Pris à petites doses et dilué l'alcool active la cir-
culation phériphérique, stimule les forces musculaires
et augumente en même temps la sécrétion du suc gas-
trique, ce qui a pour conséquence de favoriser la
digestion.

La viande crue de son côté est un aliment de digestion facile, nourrissant sous un petit volume et dont
l'assimilation se fait avec rapidité et surtout sans
fatigue. A tous ces points de vue aucun médicament ne
peut leur être comparé, on comprend alors l'immense
service que cette médication doit rendre dans une
maladie qui a pour effet de débiliter l'organisme et la
place que désormais elle doit tenir dans la matière
médicale. Beaucoup de malades que j'avais soumis à
cette puissante médication, associée aux prescriptions
hygiéniques que l'on doit toujours conseiller en

pareil cas, ont ressenti en peu de temps une grande amélioration, quelques-uns même ont vu leur santé se rétablir complétement et ont pu se débarrasser ainsi d'une affection qui empoisonnait leur existence.

Comment faut-il administrer ces médicaments? Pour l'alcool on prescrit ordinairement une potion composée de 50 grammes d'alcool à 20° Baumé dilué dans 200 grammes de véhicule à prendre par cuillerée dans la journée; on peut augumenter ou diminuer les proportions de l'alcool selon la susceptibilité du malade.

Quant à la viande crue, on la donne d'abord à la dose de 100 grammes, la portant graduellement jusqu'à 300 grammes dans les vingt-quatre heures. On la pile dans un mortier, on la passe à travers un tamis pour la débarrasser des parties tendineuses, on en forme des boulettes roulées dans du sucre ou un sirop quelconque. Il arrive parfois que le femmes et surtout les enfants refusent les boissons alcooliques et beaucoup de malades ont un répugnance invincible pour la viande crue, on prescrit alors l'élixir alimentaire de Ducro qui contient tous les éléments essentiels et nutritifs de la viande crue et de l'alcool à l'état de dissolution complète; cet élixir, dont le goût est agréable, masque habilement la nature de l'agent ingéré, et réunit toutes les propriétés des boissons spiritueuses et de la viande crue. Il va sans dire que ce traitement, quoique satisfaisant aux indications les plus importantes de la phthisie, laisse cependant le champ libre aux autres moyens thérapeutiques jugés utiles dans le cours de la maladie.

Un médicament précieux qui est à bon droit à l'ordre du jour et qui semble s'imposer à la thérapeutique grâce à ses propriétés aujourd'hui incontestées, c'est le phosphate de chaux. Ce nouveau médicament agit sourtout à titre de reconstituant général en favorisant l'appetit et l'assimilation, c'est à dire que sous son influence, le malade se trouve placé dans les conditions les plus favorables à la lutte qu'il doit soutenir; de plus c'est le seul médicament qui puisse arrêter l'évolution de la maladie et favoriser la transformation crétacée des tubercules, ce qui équivaut à une guérison complète.

Si on considère que le phosphate de chaux entre pour une notable proportion dans tous les tissus de l'économie et principalement dans le tissu osseux dont il forme, pour ainsi dire, la charpente, que la phthisie est inconnue chez les chiens et qu'on peut expliquer cette immunité par la grande quantité de phosphate de chaux qu'ils absorbent habituellement et qu'ils digèrent infiniment mieux que nous, on comprendra alors les services signalés que ce médicament a déjà rendus à la thérapeutique comme agent réparateur et comme modificateur de la lésion pulmonaire.

Le phosphate de chaux ordinaire étant un sel insoluble, on le prescrit habituellement dissous dans l'acide lactique ou l'acide chlorhydrique sous forme de sirop à la dose d'une à trois cuillerées par jour prises immédiatement avant les repas. Pour les personnes auxquelles répugnent les sirops on prépare un vin au chlorhydro-phosphate de chaux ou bien des pastilles et des dragées dont le goût est très agréable.

Un remède qui est devenu presque banal dans le traitement de la phthisie est l'huile de foie de morue. C'est un médicament qui peut rendre de grands services dans certains cas, mais qui n'a aucune action spécifique et qu'on a peut-être trop exalté, ou plutôt qu'on a eu le tort d'administrer d'une façon empirique dans toutes les formes de la phthisie. Par ses propriétés nutritives et stimulantes, l'huile de foie de morue est utile toutes le fois qu'il s'agit d'une phthisie torpide, accompagnée d'un vice scrofuleux, mais quand le malade est nerveux, excitable, sujet à des congestions pulmonaires et à des hémoptysies fréquentes ce médicament n'est plus indiqué; il peut même devenir nuisible en précipitant la marche de la maladie. L'huile de foie de morue réussit moins bien chez les personnes qui ne font pas de l'exercice, qui sont forcées de garder la chambre ou le lit, dans les hôpitaux, pas exemple, car alors elle est mal digérée.

On a contesté pendant quelques temps l'opportunité
des préparations ferrugineuses dans le traitement de
la phthisie ; aujourd'hui, l'on est moins exclusif et
l'on reconnaît généralement l'utilité de cette médication pendant la première période de la maladie, il
est bien entendu que le fer n'est pas le spécifique de
la phthisie, mais bien un moyen utile pour diminuer
sinon pour faire disparaître complétement l'anémie
qui accompagne presque toujours l'affection tuberculeuse. A cet égard, quel que soit le traitement qu'on
a employé, le fer, ce régénérateur du sang, sera toujours le meilleur modificateur de la fonction nutritive
qui est atteinte et qu'il s'agit de réveiller chez les
malheureux phthisiques. Une des meilleures préparations, quand on croit devoir administrer du fer aux
phthisiques, est le protoiodure du fer. Cette préparation a, sur les autres, l'avantage d'être beaucoup plus
facilement supportée à cause de sa grande solubilité ;
de plus, étant une combinaison d'iode et de fer,
elle paraît avoir deux modes d'action très distincts
mais également nécessaires ; par le fer qu'elle contient elle agit comme tonique en donnant au sang les
globules qu'il a perdus, et par la présence de l'iode
elle a une action altérante et résolutive sur les tubercules pulmonaires en voie de formation.

On a beaucoup vanté les effets du quinquina dans
le traitement de la phthisie ; sans partager l'enthousiasme de certains praticiens pour ce médicament, je
le crois cependant salutaire à titre de corroborant de
la constitution et toutes les fois qu'on le donne pour
ranimer l'énergie des fonctions digestives et rétablir
l'harmonie dans le grand appareil de la nutrition ce
qui contribue beaucoup à suspendre la marche de la
maladie.

Bien préparé et associé quelquefois aux ferrugineux
ou à d'autres substances suivant les indications, le
vin de quinquina, la préparation la plus usitée, offre
au malade un médicament qui joint à ses qualités thérapeutiques tout le charme d'une liqueur agréable.
C'est habituellement en commençant ou en terminant

les repas qu'on prend ce vin à la dose d'un petit verre
à liqueur.

Les préparations arsenicales qu'on a tant préconisées dans ces derniers temps contre la phthisie ne me
paraissent pas avoir une grande efficacité; d'ailleurs,
la science n'est pas encore bien fixée sur le mode
d'action de l'arsenic; les uns le considèrent comme
tonique et reconstituant, tandis que pour d'autres, il
est un médicament d'épargne, un agent conservateur
qui retarde la dénutrition; je reste donc sans grand
enthousiasme pour ce mode de traitement en tant que
traitement de fond de la phthisie; ce médicament
peut être utile comme tonique ou comme agent thérapeutique d'arrêt, mais ce n'est pas un moyen cu-
rateur.

Je ne ferai que mentionner l'iode, le phosphore, le
chlorure de sodium, le tartre stibié, le goudron, le
silphium cyrenaïcum et une foule d'autres substances
qui ont été présentées comme des antidotes, des pana-
cées contre la phthisie. Tous ces médicaments peuvent
être utiles dans quelques cas pour combattre certaines
complications qui accompagnent souvent la diathèse
tuberculeuse, mais ils ne sont pas applicables dans
tous les cas de phthisie contre laquelle, j'ai hâte de le
dire, ils n'ont aucune action spécifique.

Des moyens d'une nature différente qu'il ne faut
jamais oublier dans le traitement de la phthisie ce
sont les bains de mer. L'eau de mer est un des puissants toniques que nous possédions; la température
de l'eau, sa composition, les secousses qu'elle imprime
à tout le corps, sont autant d'éléments, qui, réunis
ensemble, produisent une action favorable aux phthisiques d'un tempérament lymphatique scrofuleux dont
les organes digestifs sont frappés d'inertie.

Lorsque à l'action tonique de l'eau de mer on peut
joindre l'hydrothérapie, les douches froides sourtout,
on imprime à toute l'économie une action fortifiante
des plus puissantes qu'il faut dans certains cas préfé-
rer à tous les toniques internes qui sont quelquefois
mal supportés par les malades.

Les eaux minérales qu'on a encore préconisées contre la phthisie sont les modificateurs les plus puissants de l'organisme, et, à ce titre, elles produisent souvent des effets avantageux, seulement il importe que le malade soit averti des difficultés que présente l'institution d'une cure aux eaux minérales, car le mode d'emploi de ces eaux doit être réglé d'après le tempérament, l'âge, le sexe, le caractère héréditaire ou accidentel de l'affection, etc.

C'est ordinairement aux eaux sulfureuses que l'on donne la préférence : « Ces eaux, dit M. Guéneau de Mussy, produisent une excitation générale du système nerveux, elles stimulent l'activité nutritive en général, augmentent l'appétit, accélèrent la digestion, et sollicitent les fonctions secrétoires. »

Le plus fréquentées sont celles des Eaux-Bonnes, de Cauterets, de Barèges, de Luchon, d'Allevard, d'Ems de Schwalbach, etc.

VII

Le régime doit aussi préoccuper le médecin dans le traitement de la phthisie ; il doit être en rapport avec l'âge, la constitution, le tempérament du malade, l'état plus ou moins régulier des fonctions digestives et le degré de la maladie ; pendant la première période de la maladie, la nourriture doit être autant que possible composée d'aliments substantiels et faciles à digérer ; les viandes noires, le bœuf, le mouton doivent en constituer la partie fondamentale ; mais, il faut bien se garder de tomber dans cet écart que l'on constate tous les jours et qui consiste à condamner à l'usage continuel et exclusif des viandes saignantes les malheureux phthisiques ; il faut que l'alimentation soit mixte pour prévenir le dégout et l'état d'irritation que pourrait produire une nourriture exclusivement animale ; mais il faut éviter les aliments indigestes, les trop grandes quantités de fruits, les pâtisseries qui chargent inutilement l'estomac et ne fournissent que peu de particules nutritives.

Pendant la dernière période de la maladie, le médecin est souvent embarrassé pour instituer un régime convenable, il faut alors lutter contre les caprices et les désirs souvent bizarres des malades, il faut approprier le régime aux accidents de la maladie, le modifier d'un jour à l'autre, mais il ne faut pas oublier qu'il est nécessaire de maintenir les forces du malade; il faut, dans ce cas, des aliments nourrissants sous le moindre volume possible et de facile digestion ; les potages à bouillon de poulet, les gelées animales, le jus de viande, les œufs, etc., rempliront ces conditions.

Le lait, et en particulier le lait d'ânesse, est utile dans toutes les formes de la phthisie ; il a l'avantage d'être un aliment de facile digestion, il diminue l'irritation de poitrine, il calme la toux, et convient surtout aux sujets nerveux et excitables, on veillera toutefois à ce qu'il soit bien supporté, on l'abandonnerait s'il donnait de la diarrhée. En parlant du lait, je ne saurais passer sous silence un nouvel agent thérapeutique qui fait beaucoup de bruit depuis quelque temps, et à l'aide duquel on obtient de remaquables succès dans le traitement de la phthisie. Je veux parler du koumys ou lait fermenté.

Cette boisson, très connue en Russie depuis un temps immémorial n'a pas encore été beaucoup employée en France ; l'immunité dont paraissent jouir certaines peuplades de la Russie orientale telles que les Kirghiges, les Bashkirs et les Tartares à l'égard de la phthisie est attribuée par elles à l'habitude où elles sont de boire le koumys ; de cette idée naquirent les premières tentatives de l'emploi du koumys à titre de médicament contre la phthisie, et les succès obtenus éveillèrent bientôt l'attention du corps médical qui s'empressa de donner des détails plus exacts sur la fabrication et l'emploi du koumys et d'assigner au nouvel agent sa vraie place et son rôle dans la thérapeutique moderne.

Le résultat le plus avantageux dérive de son action reconstituante, car il augmente rapidement l'embonpoint d'une manière quelquefois très considérable ; l'analyse chimique qu'on a donnée du koumys explique son action éminemment reconstituante, car il renferme une série de substances (alcool, lactose, acide carbonique, corps gras, etc.), qui toutes sont capables d'exercer un effet spécial sur l'organisme. Sans partager l'opinion émise par certains médecins russes qui donne au koumys des qualités spécifiques contre la phthisie, je crois cependant que cette médication par la facilité et la rapidité de l'assimilation de ses principes nutritifs pourra rendre de grands services toutes les fois qu'il faut stimuler les forces de l'organisme déprimées par la diathèse tuburculeuse.

Le koumys se présente sous la forme d'un liquide lactescent de couleur blanchâtre, d'une saveur acide et piquante ; l'acide carbonique qu'il contient le rend mousseux, ce qui lui a valu le titre pompeux de lait de Champagne.

La quantité à prendre varie d'une à quatre bouteilles par jour ; mais pour habituer le malade au goût acidulé du koumys, on commencera par lui en faire prendre deux verres, un dans la matinée, et l'autre dans l'après-midi ; au bout de deux à trois jours on augmente la dose d'un verre, et on arrive progressivement jusqu'à une bouteille par jour, prise en quatre fois dans les 24 heures. On s'arrête ordinairement à la dose de deux bouteilles par jour, dose qu'on peut cependant augmenter, si les circonstance le réclament.

Tels sont les divers moyens de traitement de la phthisie, parmi lesquels il faudra choisir aussi judicieusement que possible ceux qui paraîtront les mieux adaptés au degré, à l'intensité de la maladie, à l'âge, au tempérament et autres dispositions individuelles du malade.

Lorsque le degré avancé du mal ne permet plus au médecin aucun espoir de guérison, il faut alors avoir recours à un traitement palliatif, et même dans ces cas désespérés, le médecin est encore très-utile, en diminuant l'intensité de quelques symptômes, qui, livrés à eux-mêmes, deviennent assez violents pour abréger la vie des malades, et rendre leurs derniers jours affreux. Ces symptômes, tels que la toux, les douleurs, les insomnies, etc., seront avantageusement combattus par les calmants, les antispasmodiques, les révulsifs, et par tous les autres moyens que l'art met à notre disposition. Le médecin ne doit pas non plus oublier d'inspirer aux malades de la patience, de la résignation, de ranimer sans cesse l'espérance dans leur âme, de soutenir leur courage dans ces longues périodes d'ennui et de souffrance, et, dans cette circonstance surtout, il doit se rappeler que la médecine guérit quelquefois, soulage souvent et console toujours.

190

Nice. — Typ. V.-Eugène Gauthier et Cᵉ.